四川省工程建设地方标准

# 四川省装配式混凝土结构工程施工与质量验收规程

Specification for Construction and Quality Acceptance of Precast Concrete Structures in Sichuan Province

主编单位： 成都市土木建筑学会
　　　　　 成都建筑工程集团总公司
批准部门： 四川省住房和城乡建设厅
施行日期： ２０１６年５月１日

2016 成都

图书在版编目（CIP）数据

四川省装配式混凝土结构工程施工与质量验收规程 / 成都市土木建筑学会，成都建筑工程集团总公司主编. — 成都：西南交通大学出版社，2016.5
（四川省工程建设地方标准）
ISBN 978-7-5643-4668-3

Ⅰ. ①四… Ⅱ. ①成… ②成… Ⅲ. ①装配式混凝土结构–混凝土施工–质量检验–技术规范–四川省 Ⅳ. ①TU755-65

中国版本图书馆 CIP 数据核字（2016）第 089730 号

四川省工程建设地方标准

## 四川省装配式混凝土结构工程施工与质量验收规程

主编单位　成都市土木建筑学会
　　　　　成都建筑工程集团总公司

| | |
|---|---|
| 责 任 编 辑 | 曾荣兵 |
| 封 面 设 计 | 原谋书装 |
| 出 版 发 行 | 西南交通大学出版社<br>（四川省成都市二环路北一段 111 号<br>西南交通大学创新大厦 21 楼） |
| 发 行 部 电 话 | 028-87600564　028-87600533 |
| 邮 政 编 码 | 610031 |
| 网　　　　址 | http://www.xnjdcbs.com |
| 印　　　　刷 | 成都蜀通印务有限责任公司 |
| 成 品 尺 寸 | 140 mm × 203 mm |
| 印　　　　张 | 2.375 |
| 字　　　　数 | 59 千 |
| 版　　　　次 | 2016 年 5 月第 1 版 |
| 印　　　　次 | 2016 年 5 月第 1 次 |
| 书　　　　号 | ISBN 978-7-5643-4668-3 |
| 定　　　　价 | 26.00 元 |

各地新华书店、建筑书店经销
图书如有印装质量问题　本社负责退换
版权所有　盗版必究　举报电话：028-87600562

# 四川省住房和城乡建设厅
# 关于发布工程建设地方标准
# 《四川省装配式混凝土结构工程施工与质量验收规程》的通知

川建标发〔2016〕19号

各市（州）及扩权试点县住房城乡建设行政主管部门，各有关单位：

由成都市土木建筑学会和成都建筑工程集团总公司主编的《四川省装配式混凝土结构工程施工与质量验收规程》，已经我厅组织专家审查通过，现批准为四川省推荐性工程建设地方标准，编号为：DBJ51/T054-2015，自2016年5月1日起在全省实施。

该标准由四川省住房和城乡建设厅负责管理，成都市土木建筑学会负责技术内容解释。

四川省住房和城乡建设厅
2016年1月12日

# 前 言

本规程根据四川省住房和城乡建设厅《关于下达四川省工程建设地方标准〈四川省装配式混凝土结构工程施工与质量验收规程〉编制计划的通知》(川建标函〔2014〕604号)的要求,由成都市土木建筑学会、成都建筑工程集团总公司会同有关单位进行了广泛地调查研究,充分分析了近年来国内外装配式混凝土结构发展的现状与特点,经广泛征求意见,制定而成。

本规程共分8章和1个附录,主要技术内容包括:1 总则;2 术语;3 基本规定;4 材料;5 预制构件;6 施工;7 质量验收;8 施工安全与绿色施工;附录A 质量验收记录。

本规程由四川省住房和城乡建设厅负责管理,由成都市土木建筑学会负责具体技术内容的解释工作。为提高规程编制质量和水平,各单位在执行本规程时,请将有关意见和建议反馈给成都市土木建筑学会(地址:成都市八宝街111号537室;邮编:610031;邮箱:22169025@qq.com;电话:028-61988823),以供今后修订时参考。

主编单位: 成都市土木建筑学会
　　　　　成都建筑工程集团总公司
参编单位: 成都市建设工程质量监督站
　　　　　中国建筑西南设计研究院有限公司

　　　　　　　四川省建筑设计研究院

　　　　　　　成都市第二建筑工程公司

　　　　　　　成都建工成新混凝土工程有限公司

　　　　　　　成都建工工业化建筑有限公司

　　　　　　　成都市工业设备安装公司

　　　　　　　四川建筑职业技术学院

　　　　　　　四川华西绿舍建材有限公司

　　　　　　　成都市建设工程施工安全监督站

　　　　　　　成都市墙材革新建筑节能办公室

　　　　　　　成都市第七建筑工程公司

主要起草人：张　静　　陈顺治　　刘　刚　　刘明康

　　　　　　冯身强　　马德云　　杨　魁　　李　维

　　　　　　田泽辉　　孔文艺　　冯家荣　　付修华

　　　　　　胡　笳　　粟向民　　王泽良　　李　锋

　　　　　　林吉勇　　范晓玲　　张仕忠　　韩　超

　　　　　　张　毅　　温雪飞　　李江华　　傅　宇

　　　　　　王慧景　　董　京　　张春雷

主要审查人：黄光洪　　张　瀑　　王　科　　秦　钢

　　　　　　王其贵　　陈　彬　　刘　潞

# 目　次

1 总　则 ··································································· 1
2 术　语 ··································································· 2
3 基本规定 ······························································· 5
4 材　料 ··································································· 6
5 预制构件 ······························································· 9
　5.1 一般规定 ························································· 9
　5.2 运输与存放 ····················································· 9
　5.3 质量检查 ······················································· 11
6 施　工 ································································· 12
　6.1 一般规定 ······················································· 12
　6.2 施工准备 ······················································· 13
　6.3 测量与定位 ··················································· 14
　6.4 构件吊装 ······················································· 15
　6.5 构件安装 ······················································· 16
　6.6 构件连接 ······················································· 19
　6.7 防水施工 ······················································· 22
　6.8 成品保护 ······················································· 23
7 质量验收 ······························································· 24
　7.1 一般规定 ······················································· 24
　7.2 预制构件 ······················································· 25

|  |  |  |
|---|---|---|
| 7.3 | 安装与连接 | 28 |
| 7.4 | 文件与记录 | 31 |
| 8 | 施工安全与绿色施工 | 32 |
| 8.1 | 一般规定 | 32 |
| 8.2 | 施工安全 | 32 |
| 8.3 | 绿色施工 | 34 |

附录 A 质量验收记录 ……………………………………36

本规程用词说明 …………………………………………41

引用标准名录 ……………………………………………43

附：条文说明 ……………………………………………45

# Contents

1 General provisions ································· 1
2 Terms ············································· 2
3 Basic requirement ·································· 5
4 Material ··········································· 6
5 Precast components ································ 9
　5.1 General requirement ··························· 9
　5.2 Transportation and storage ····················· 9
　5.3 Quality inspection ···························· 11
6 Fabricated construction ··························· 12
　6.1 General requirement ·························· 12
　6.2 Construction preparation ····················· 13
　6.3 Surveying and positioning ···················· 14
　6.4 Lifting ······································ 15
　6.5 Assembly of components ····················· 16
　6.6 Connection of structural componenets ········· 19
　6.7 Waterproof construction ····················· 22
　6.8 Protection of finished components and strucures ····· 23
7 Quality acceptance ······························· 24
　7.1 General requirement ·························· 24
　7.2 Precast member ····························· 25

| | 7.3 | Erection | 28 |
|---|---|---|---|
| | 7.4 | Documents and recordings | 31 |
| 8 | The construction safety and green construction | | 32 |
| | 8.1 | General requirement | 32 |
| | 8.2 | Safety | 32 |
| | 8.3 | Green construction | 34 |

Appendix A   Record of quality acceptance ··················36
Explanation of Wording in this Specification ··············41
List of quoted standards ··································43
Addition: Explanation of provisions ······················45

# 1 总　则

**1.0.1** 为在装配式混凝土结构工程的施工及质量验收中，做到技术先进、经济合理、保质保量、安全适用、绿色环保，制定本规程。

**1.0.2** 本规程适用于四川省民用建筑抗震设防烈度为 6 度至 8 度的装配式混凝土结构工程施工及质量验收。

**1.0.3** 装配式混凝土结构工程施工与质量验收除应执行本规程外，尚应符合国家现行有关标准的规定。

# 2 术 语

**2.0.1** 装配式混凝土结构　precast concrete structure

由预制混凝土构件或部件通过可靠的连接方式装配而成的混凝土结构，简称装配式混凝土结构。包括装配整体式混凝土结构、全装配式混凝土结构等。

**2.0.2** 预制混凝土构件　precast concrete component

在工厂或现场预先制作的混凝土构件，简称预制构件。

**2.0.3** 叠合墙体　prefabricated wall

在墙厚方向，部分采用预制、部分采用现浇工艺生产制作而成的钢筋混凝土墙体。

**2.0.4** 叠合楼板　prefabricated laminated floor slab

楼层的楼板由上下两层叠加而成，下层采用预制混凝土板形式，上层采用现浇板形式。

**2.0.5** 预制墙板　precast concrete panel

在工厂或现场预先制作的混凝土墙板。分为承重墙板和非承重墙板。

**2.0.6** 预制外挂墙板　precast concrete facade panel

安装在主体结构上，起围护、装饰作用的非承重预制混凝土外墙板，简称外挂墙板。

**2.0.7** 预制混凝土夹心保温外墙板　precast concrete sandwich facade panel

含有内外页，中间夹有保温层并可靠连接的预制混凝土外墙板，简称夹心外墙板。

**2.0.8 钢筋套筒灌浆连接** rebar splicing by grout-filled coupling sleeve

在预制混凝土构件内预埋的金属套筒中插入钢筋并灌注水泥基灌浆料而实现的钢筋连接方式。

**2.0.9 钢筋浆锚搭接连接** rebar lapping in grout-filled hole

在预制混凝土构件中预留孔道，在孔道中插入需搭接的钢筋，并灌注水泥基灌浆料而实现的钢筋搭接连接方式。

**2.0.10 钢筋连接用灌浆套筒** the grouting coupler

通过水泥基灌浆料的传力作用将钢筋对接连接所用的金属套筒。通常采用铸造工艺或者机械加工工艺制造。

**2.0.11 灌浆料** grout

在钢筋套筒灌浆连接的套筒和钢筋约束浆锚搭接连接的锚孔中灌注的一种特制的水泥基材料。

**2.0.12 混凝土粗糙面** concrete rough surface

预制构件结合面上按设计要求形成的凹凸不平或骨料显露的表面。

**2.0.13 键槽** shear key

为实现预制构件和后浇混凝土的共同受力作用，在预制构件混凝土表面预留的规则且连续的凹凸构造。

**2.0.14 坐浆** bed mortar

安装预制梁、板、楼梯等预制构件前，在基面上铺垫起找平和粘结的作用的砂浆。

**2.0.15 构件严重缺陷** component serious defect

对装配式混凝土结构构件的受力性能或安装及使用性能有决定性影响的缺陷。

**2.0.16 构件一般缺陷** component common defect

对装配式混凝土结构构件的受力性能或安装及使用性能无决定性影响的缺陷。

**2.0.17 后浇混凝土** after pouring concrete

装配式混凝土构件安装后,在叠合构件、预制梁柱构件连接节点或接缝等部位进行现场浇筑的混凝土。

# 3 基本规定

**3.0.1** 装配式混凝土结构工程的建设、设计、制作、施工、监理等单位应加强协调配合，宜建立动态联系信息化管理机制。

**3.0.2** 在装配式结构工程预制构件制作前，应完成预制构件的深化设计。深化设计文件应经设计单位认可。

**3.0.3** 施工单位应根据装配式混凝土结构工程施工的管理和技术特点，对管理人员及作业人员进行专项培训。

**3.0.4** 施工前，建设各方应进行图纸会审、工艺分析；施工单位做好施工技术准备，准确理解设计图纸的要求，掌握有关技术要求及细部构造，并根据工程特点和施工规定，进行结构施工复核及验算。

**3.0.5** 装配式混凝土结构工程施工前，施工单位应制定施工组织设计与专项施工方案，并应经审核批准。

**3.0.6** 装配式混凝土结构工程应在施工单位自检合格后，由监理单位组织，按照隐蔽验收、检验批、分项工程进行质量验收。

**3.0.7** 装配式混凝土结构工程中的钢筋工程、模板工程、混凝土和预制构件装配施工除应符合本规程的规定外，尚应符合国家现行标准《混凝土结构工程施工质量验收规范》GB 50204、《混凝土结构工程施工规范》GB 50666 及《装配式混凝土结构技术规程》JGJ 1 的有关规定。

# 4 材 料

**4.0.1** 连接钢材与钢管应符合下列规定：

  **1** 连接钢材应符合现行国家标准《碳素结构钢》GB/T 700和《低合金高强度结构钢》GB/T 1591的规定；

  **2** 施工中所用无缝钢管应符合现行国家标准《结构用无缝钢管》GB/T 8162的规定。

**4.0.2** 焊接材料应符合国家现行标准《钢结构焊接规范》GB 50661和《钢筋焊接及验收规程》JGJ 18的规定。

**4.0.3** 连接用螺栓、锚栓和铆钉等坚固件材料应符合现行国家标准《钢结构工程施工规范》GB 50755的要求。

**4.0.4** 钢筋套筒灌浆连接接头及其采用的套筒、灌浆料应符合下列规定：

  **1** 钢筋连接用灌浆套筒应符合现行行业标准《钢筋连接用灌浆套筒》JG/T 398的规定；

  **2** 钢筋套筒灌浆连接接头应符合现行行业标准《钢筋套筒灌浆连接应用技术规程》JGJ 355的有关规定；

  **3** 钢筋套筒灌浆连接接头采用的灌浆料应符合现行行业标准《钢筋连接用套筒灌浆料》JG/T 408的规定。

**4.0.5** 钢筋浆锚搭接连接接头应采用水泥基灌浆料灌浆，灌浆料的性能应符合表4.0.5的规定。

表 4.0.5 钢筋浆锚搭接连接用灌浆料性能要求

| 项目 | | 性能指标 | 试验方法标准 |
|---|---|---|---|
| 泌水率（%） | | 0 | 《普通混凝土拌合物性能试验方法标准》GB/T 50080 |
| 流动度（mm） | 初始值 | ≥200 | 《水泥基灌浆材料应用技术规范》GB/T 50448 |
| | 30 min 保留值 | ≥150 | |
| 竖向膨胀率（%） | 3 h | ≥0.02 | 《水泥基灌浆材料应用技术规范》GB/T 50448 |
| | 24 h 与 3 h 的膨胀率之差 | 0.02～0.5 | |
| 抗压强度（MPa） | 1 d | ≥35 | 《水泥基灌浆材料应用技术规范》GB/T 50448 |
| | 3 d | ≥55 | |
| | 28 d | ≥80 | |
| 氯离子含量（%） | | ≤0.06 | 《混凝土外加剂匀质性试验方法》GB/T 8077 |

4.0.6 外墙的构件连接密封及背衬填料应符合下列规定：

1 密封胶应与混凝土具有相容性；

2 硅酮、聚氨酯、聚硫、丙烯酸建筑密封胶应分别符合国家现行标准《硅酮建筑密封胶》GB/T 14683、《聚氨酯建筑密封胶》JC/T 482、《聚硫建筑密封胶》JC/T 483、《丙烯酸酯建筑密封胶》JC/T 484 的规定；

3 止水条应符合现行行业标准《膨润土橡胶遇水膨胀止水条》JG/T 141 的规定；

4 夹心外墙板接缝处填充用保温材料的燃烧性能应满足

现行国家标准《建筑材料及制品燃烧性能分级》GB 8624 中 A级的要求；

  **5** 背衬填料宜根据材料性质选用直径不大于缝宽 1.3 倍的聚乙烯圆棒。

**4.0.7** 装配式混凝土结构工程施工中的结合部位和接缝处混凝土的工作性应符合设计和施工规定；当采用自密实混凝土时，应符合现行行业标准《自密实混凝土应用技术规程》JGJ/T 283 的规定。

**4.0.8** 预制构件连接处混凝土的强度等级应当由设计文件明确；当设计无要求时，不应低于所连接的各预制构件混凝土强度等级中的较大值。

**4.0.9** 用于预制构件连接处的混凝土或砂浆的强度及收缩性能应满足设计要求，应采用无收缩混凝土或砂浆，宜采取提高混凝土或砂浆早期强度的措施。

**4.0.10** 预制构件吊环应采用 HPB 300 级热轧钢筋，严禁使用冷加工钢筋制作。吊装用内埋式螺母或吊杆的材料应符合现行国家标准《混凝土结构设计规范》GB 50010 的有关规定。

**4.0.11** 保温连接件应符合设计要求，保温材料的性能应符合设计要求及国家现行有关标准的规定。

# 5 预制构件

## 5.1 一般规定

**5.1.1** 预制构件进场时，构件制作单位应提供相关质量证明文件。

**5.1.2** 施工和监理单位应对预制构件进行进场验收，合格后方可用于安装施工。

**5.1.3** 预制构件制作单位应在预制构件的明显部位设置标识，标识应包括工程名称、构件编号、受力方向、制作日期、合格状态、制作单位等信息。

**5.1.4** 预制构件进场前应制订运输与存放方案。

**5.1.5** 预制构件在施工现场的存放应按规格、品种、所用部位、吊装顺序、预制构件受力状态分别存放。

**5.1.6** 预制构件的运输与存放应根据其受力状态采取相应的堆放方式并采取防止破损及污染的措施。

## 5.2 运输与存放

**5.2.1** 预制构件的运输车辆应满足构件尺寸和载重要求；装卸构件时应考虑车体平衡；运输时应采取绑扎或专用固定措施，以防止构件移动、倾倒、变形和破损；运输细长构件时应根据需要设置临时加固支架；对构件边角部或链索接触处的混凝土，宜采用垫衬加以保护。

**5.2.2** 预制构件宜按结构构件受力状态和形状选择不同的放置方式运输，必要时应对构件支点进行受力验算，并正确选择支垫位置。

**5.2.3** 运输车辆进入施工现场的道路，应满足预制构件运输车辆的承载力要求。

**5.2.4** 堆垛应设置在吊装机械覆盖范围内，以避免起吊盲点及二次转运。堆放、吊装工作范围内，不得有障碍物，且不受其他施工作业的影响。

**5.2.5** 堆放场地应平整、坚实，并应有良好的排水措施。堆放构件时应用木方或垫块垫实，不宜直接堆放于地面上。

**5.2.6** 预制构件存放时应满足下列规定：

**1** 预埋吊件向上，标识向外。

**2** 预制墙板可采用插放或靠放进行存放，插放架、靠放架应有足够的强度、刚度和稳定性，并需支垫稳固。对采用靠放架立放的构件，宜对称靠放且外饰面朝外，其与地面的倾斜角度宜大于80°，构件上部采取隔离措施。

**3** 叠合板、柱、梁等构件可采用叠放的方式，重叠堆放的构件应采用垫木隔开，上、下垫木应在同一垂线上，其堆放高度应遵守以下规定：柱不宜超过2层，梁不宜超过3层，板类构件一般不宜大于5层，各堆垛间按规范留设通道。

**4** 大跨度、超重等特殊预制构件或预制构件堆放超过规定层数时，应对构件自身、构件垫块、地基承载力及堆垛稳定性进行验算。

5.2.7 预应力构件的堆放应考虑反拱的影响。

## 5.3 质量检查

5.3.1 预制构件进场时,施工单位和监理单位应对构件质量进行下列检查:

  1 工程名称、构件编号、受力方向、制作日期、合格状态、制作单位等表面标识及质量证明文件;

  2 预制构件外观质量、尺寸偏差;

  3 预制构件上的预埋件、预留插筋、预埋管线等材质、规格、位置和数量以及预留孔、预留洞的数量;

  4 混凝土粗糙面的质量,键槽的尺寸、数量、位置;

  5 预制构件的吊环或吊孔预留情况。

5.3.2 施工和监理单位应对预制构件堆放进行下列检查:

  1 堆放场地;

  2 垫木或垫块的位置、数量;

  3 预制构件堆垛层数、稳定措施。

# 6 施 工

## 6.1 一般规定

**6.1.1** 预制构件、连接材料、配件等应按国家现行相关标准的规定进行进场验收,未经验收或验收不合格的产品不得使用。

**6.1.2** 预制构件装配应选择满足要求的吊装设备、吊具。

**6.1.3** 构件安装过程中的临时固定和支撑措施应可靠,并满足强度、刚度和稳定性要求。有特殊固定要求的应在构件深化设计及生产中提前考虑并嵌入构件。

**6.1.4** 预制混凝土墙、柱安装时,底部接缝宜设置在楼面标高处,接缝高度宜为 20 mm,接缝宜采用灌浆料填实。

**6.1.5** 预制构件连接部位后浇混凝土或灌浆料强度达到设计规定的强度后,方可进行上部结构施工或拆除临时稳定支撑。

**6.1.6** 预制构件安装过程中,连接面混凝土应进行清理,使其无污损,以保证其连接可靠。

**6.1.7** 在装配式混凝土结构的施工及运输全过程中,应采取防止预制构件及其附件、预埋件等损伤或污染的保护措施。

**6.1.8** 当起吊大型空间构件或薄壁构件前,应采取避免变形和损伤的临时加固措施。

## 6.2 施工准备

**6.2.1** 预制构件吊装必须编制吊装作业专项施工方案，并应充分考虑现场环境、道路、架空线路等情况，作业前应进行技术交底。

**6.2.2** 装配式混凝土结构工程正式施工前宜选择有代表性的单元或部件进行试安装，根据试安装结果及时调整完善施工方案。

**6.2.3** 预制构件安装前，已施工完成的现浇混凝土结构或预制装配式混凝土结构的标高、平整度、混凝土强度、外观质量、尺寸偏差等应符合现行国家标准《混凝土结构工程施工规范》GB 50666、行业标准《装配式混凝土结构技术规程》JGJ 1 及本规程的有关规定，并满足设计文件的规定及装配式混凝土结构构件装配的精度要求。

**6.2.4** 预制构件安装前，应进行测量放线、设置构件安装定位标识，并根据设计图纸核对预制构件的型号、规格等。

**6.2.5** 预制构件安装前，应核对吊装设备的型号，并对力矩限制器、重量限制器、变幅限制器、行走限制器等安全保护装置进行检查，并应符合有关规定。预制构件起吊前，应对吊具及吊索进行检查，并对起重司机、信号指挥人员和司索人员等特种作业人员配备和持证上岗情况进行检查。确保合格后方可使用。

**6.2.6** 预制构件安装应在现场环境、天气、道路状况等满足吊装施工要求时，方可进行安装作业。

## 6.3 测量与定位

**6.3.1** 施工测量前，应熟悉施工设计图纸和相关技术标准，明确施工要求，制定施工测量方案。

**6.3.2** 吊装前，应按设计要求在构件和相应的支承结构上标示中心线、标高等控制尺寸，按设计要求校核预埋件及连接钢筋等的数量、位置、尺寸和标高。

**6.3.3** 每个楼层应设置至少2个引测高程控制点。

**6.3.4** 每层楼面轴线垂直控制点不应少于4个，楼层上的控制线由底层向上传递引测。

**6.3.5** 预制构件安装位置线应由控制线引出，每个混凝土构件应设置不少于2条安装位置线。

**6.3.6** 预制墙板安装前，应在墙板上的内侧弹出竖向与水平安装线，竖向与水平安装线应与楼层安装位置线相吻合。

**6.3.7** 在水平和竖向构件上安装预制墙、柱等竖向构件时，标高宜采用放置垫片或在构件上设置标高调节件的方法进行控制。

**6.3.8** 预制墙板、预制柱等竖向构件安装后，应对安装位置、安装标高、垂直度、累计垂直度进行校核与调整。

**6.3.9** 叠合构件、预制梁等水平构件安装后，应对安装位置、安装标高进行校核与调整。

**6.3.10** 应对相邻预制板类构件的平整度、高低差、拼缝尺寸进行校核与调整。

**6.3.11** 施工测量除应符合本规程的规定外，尚应符合现行国家标准《工程测量规范》GB 50026的相关规定。

## 6.4 构件吊装

**6.4.1** 预制构件在吊装过程中应按照专项施工方案和相关标准进行。

**6.4.2** 预制构件安装采用的吊装设备、吊具应符合下列规定：

 **1** 应根据预制构件形状、尺寸、重量及环境要求选择适宜的吊装设备、吊具；

 **2** 装配式混凝土结构吊装采用的起重机械设备，应具有特种设备制造许可证及产品合格证；

 **3** 吊具应按国家现行相关标准的有关规定进行设计验算和试验检验，经验证合格后方可使用。

**6.4.3** 吊装用钢丝绳、吊装带、卸扣、吊钩等吊具应根据预制构件形状、尺寸及重量等参数进行配置，应经验算或试验检验合格，并应在其额定范围内使用。

**6.4.4** 正式吊装作业前，应按施工方案进行试吊，验证吊装参数。

**6.4.5** 预制构件起吊时的吊点合力宜与构件重心重合，宜采用可调式横吊梁起吊，吊装和翻身扶正时的吊点应选择预埋的吊点。无预埋吊点时，应经计算确定吊点位置，并在施工方案中明确。

**6.4.6** 吊装时吊索与预制构件水平夹角宜大于 60°，不得小于 45°。

**6.4.7** 预制构件应按施工方案吊装顺序预先编号，吊装时严格按编号顺序起吊。

**6.4.8** 预制构件吊装应采用慢起、稳升、缓放的操作方式；起吊应依次逐级增加速度，不应越档操作。

**6.4.9** 构件吊装校正,可采用起吊、就位、初步校正、精细调整的作业方式。

**6.4.10** 预制构件吊装时,构件上应设置缆风绳控制构件方位。

**6.4.11** 预制构件在吊装过程中,应保存稳定,不得偏斜、摇摆和扭转。

**6.4.12** 预制构件吊装应设置临时固定件,临时固定措施应在施工方案中明确,并按要求设置。预制构件吊装就位后与吊具分离应在校准定位及固定件安装完成后进行。

## 6.5 构件安装

**6.5.1** 预制柱安装应符合下列规定:

**1** 预制柱安装前应按设计要求校核连接钢筋的数量、尺寸、标高和位置;

**2** 预制柱吊装前应检查安装方向、构件编号、吊点以及构件重量等;

**3** 预制柱就位时应两个方向采用可调斜向支撑作临时固定,并进行垂直度调整;

**4** 预制柱的临时支撑应在灌浆料抗压强度能确保结构达到后续施工承载要求后方可拆除。

**6.5.2** 预制墙板安装应符合下列规定:

**1** 预制墙板安装过程中应设置临时支撑,当采用临时斜撑时,每件预制墙板的临时斜撑不宜少于2道,临时斜撑宜设置调节装置，支撑点距底部不宜小于高度的 2/3。

**2** 预制墙板安装时，底部应设置定位装置，间距不宜大于 3 m，且每块墙板不少于 2 处。

**3** 临时支撑和限位装置应在连接部位混凝土或灌浆料强度达到设计要求后拆除。

**4** 预制构件安装就位后，可通过临时支撑或限位装置对构件的位置和垂直度进行微调。

**5** 预制墙板安装过程中，不得割除或削弱板侧预留钢筋。

**6** 预制墙板校核与调整应符合下列规定：

　　**1）** 预制墙板安装平整度应首先确保外墙面平整；

　　**2）** 预制墙板拼缝校核与调整应以竖缝为主、横缝为辅；

　　**3）** 预制墙板阳角位置相邻的平整度校核与调整，应以阳角垂直度为主进行调整。

**7** 预制外挂墙板采用螺栓连接，吊装就位时应先进行螺栓连接，并应在确保螺栓可靠连接后，方可卸除吊具。

**6.5.3** 预制梁安装应符合下列规定：

**1** 预制梁安装前应按设计要求对立柱上梁的搁置位置进行复测和调整。当预制梁采用临时支撑搁置时，临时支撑应通过验算；

**2** 预制梁安装前，应对预制梁现浇部分的钢筋按设计要求进行核查；

**3** 预制梁安装时，主梁和次梁伸入支座的长度应符合设计要求。

**6.5.4** 预制楼板安装应符合下列规定：

**1** 预制楼板起吊时，吊点不应少于 4 点，并通过计算确定吊点位置；

**2** 预制楼板的支撑应根据设计要求或施工方案设置，支撑标高除了应符合设计规定外，还应考虑支撑系统本身的施工变形；

**3** 施工时严格控制施工荷载不超过设计规定，并应避免单个预制构件承受较大的集中荷载与冲击荷载；

**4** 预制楼板搁置长度应满足设计要求，可采用找平垫块找平标高，并保证预制楼板坐浆均匀密实；

**5** 外伸预留钢筋伸入支座时，预留筋不宜弯折；

**6** 相邻预制楼板间拼缝可采用干硬性防水砂浆塞缝，大于 30 mm 的拼缝，应采用防水细石混凝土填实；

**7** 后浇混凝土强度达到设计要求后，方可拆除下部临时支撑及进行上部楼板的安装。

**6.5.5** 预制楼梯安装应符合下列规定：

**1** 楼梯起吊时，吊点不应少于 4 点，宜在生产前通过计算确定楼梯吊点位置。

**2** 预制楼梯与现浇梁板采用预埋件焊接连接时，应先施工梁板后搁置并焊接楼梯梯段；采用锚固钢筋连接时，应先放置楼梯梯段，后施工梁板。

**6.5.6** 预制阳台板安装应符合下列规定：

**1** 悬挑阳台板安装前应设置防倾覆支撑架，支撑架应在结构楼层混凝土达到设计强度要求时，方可拆除支撑架；

**2** 悬挑阳台板施工荷载不得超过其设计施工荷载；

**3** 预制阳台板预留锚固钢筋应伸入现浇结构内,并应与现浇混凝土结构连成整体;

**4** 预制阳台与侧板采用灌浆连接方式时,阳台预留钢筋应插入孔内后进行浇筑。

**6.5.7** 预制悬挑式空调板安装应符合下列规定:

**1** 预制空调板安装时,板底应采用临时支撑措施,支撑架应在结构楼层混凝土强度达到100%后方可拆除支撑;

**2** 预制空调板与现浇结构连接时,预留锚固钢筋应伸入现浇结构部分,并应与现浇结构连成整体;

**3** 预制空调板采用插入式安装方式时,连接位置应设预埋连接件,并应与预制墙板的预埋连接件连接,空调板与墙板交接的四周防水槽口应嵌填防水密封胶。

## 6.6 构件连接

**6.6.1** 装配式结构采用焊接或螺栓连接时,应按设计要求进行连接,并应对外露铁件采取防腐措施。焊接或螺栓连接的施工除满足本规程外,还应符合国家现行标准《钢筋焊接及验收规程》JGJ 18、《钢结构工程施工规范》GB 50755 和《钢结构工程施工质量验收规范》GB 50205 的有关规定。

**6.6.2** 装配式结构构件间的钢筋连接可采用焊接、机械连接、搭接及套筒灌浆连接等方式。钢筋锚固及钢筋连接长度应满足设计要求。钢筋连接施工应符合国家现行有关标准的规定。

**6.6.3** 当采用后张预应力筋连接时,应符合现行国家标准《混凝土结构工程施工规范》GB 50666 的相关规定。

**6.6.4** 钢筋机械连接的施工应符合现行行业标准《钢筋机械连接技术规程》JGJ 107 的有关规定。

**6.6.5** 预制构件外露钢筋影响现浇混凝土结构部分钢筋绑扎时，可采用在预制构件上预留内置式钢套筒的方式进行锚固连接。

**6.6.6** 钢筋套筒灌浆连接时，应按设计要求检查套筒连接钢筋的位置和长度。套筒灌浆施工尚应符合下列规定：

**1** 灌浆工人应经过专业培训，考核合格后，方能上岗。灌浆操作全过程应有专职检验人员负责旁站监督并及时形成施工质量检查记录。

**2** 灌浆料应按配比要求计量灌浆材料和水的用量，经搅拌均匀后测定其流动度满足设计要求后方可灌注。

**3** 灌浆施工时，环境温度应符合灌浆料产品使用说明书要求；环境温度低于 5 ℃ 时不宜施工，低于 0 ℃ 时不得施工；当环境温度高于 30 ℃ 时，应采取降低灌浆料拌和物温度的措施。

**4** 竖向钢筋套筒灌浆连接，灌浆作业应采用压浆法从灌浆套筒下灌浆孔灌注；当浆料拌和物从构件其他灌浆孔、出浆孔流出时，应及时封堵。

**5** 竖向钢筋套筒灌浆连接采用连通腔灌浆时，宜采用一点灌浆的方式；当一点灌浆遇到问题需要改变灌浆点时，各灌浆套筒已封堵灌浆孔、出浆孔应重新打开，待灌浆料拌和物再次流出后进行封堵。

**6** 对水平钢筋套筒灌浆连接，灌浆作业应采用压浆法从灌浆套筒灌浆孔注入，当灌浆套筒灌浆孔、出浆孔的连接管或接头处的灌浆料拌和物均高于灌浆套筒外表面最高点时应停止灌浆，并及时封堵灌浆孔、出浆孔。

　　**7** 灌浆料应在加水后 30 min 内用完。

　　**8** 散落的灌浆料拌和物不得二次使用；剩余的拌和物不得再次添加灌浆料、水后混合使用。

**6.6.7** 当采用现浇混凝土或砂浆连接施工时，应符合下列规定：

　　**1** 装配式混凝土结构工程后浇混凝土施工应采用预拌混凝土。

　　**2** 装配式混凝土结构工程在混凝土浇筑前应进行隐蔽工程项目的检查与验收。

　　**3** 构件连接处现浇混凝土性能应满足设计要求；设计无要求时，现浇混凝土的强度等级不应低于连接处预制构件混凝土强度等级的较大值。

　　**4** 用于预制构件连接处的混凝土或砂浆，宜采用补偿收缩混凝土或膨胀砂浆，并宜采取提高混凝土或砂浆早期强度的措施；浇筑过程中应振捣密实，并应符合有关标准和施工作业的要求。

　　**5** 连接接缝混凝土应连续浇筑，竖向连接缝可逐层浇筑，并在底层混凝土初凝之前将上一层混凝土浇筑完毕。

　　**6** 预制构件连接处混凝土浇筑和振捣时，应对模板及支架进行观察，发生异常情况应及时处理；构件接缝混凝土浇筑和振捣应采取措施防止模板、相连构件、钢筋、预埋件及其定位件移位。

**6.6.8** 模板与支撑施工应符合下列规定：

**1** 水平叠合构件后浇混凝土的临时支撑应与构件安装时的临时支撑统一设计与搭设；

**2** 模板与支撑应具有足够的承载力、刚度，且整体稳定性；

**3** 装配式混凝土结构的模板与支撑安装应保证工程结构和构件各部分形状、尺寸和位置的准确，模板安装应牢固、严密、不漏浆，且应便于钢筋安装和混凝土浇筑、养护；

**4** 预制构件应根据施工方案要求预留与模板连接用的孔洞、螺栓或长螺母，预留位置应符合设计或施工方案要求。

## 6.7 防水施工

**6.7.1** 基层验收合格后，方可进行防水施工。伸出外墙的管道、预埋件等应在防水施工前安装完毕。

**6.7.2** 预制外墙板侧粘贴止水条时应符合下列规定：

**1** 止水条应在混凝土吊装前粘贴。

**2** 止水条粘贴前，应清扫混凝土表面灰尘；粘贴止水条时，粘接面应为干燥状态。

**3** 止水条应采用专用粘接剂粘贴，止水条与相邻的预制外墙板应压紧、密实。

**4** 预制外墙板吊装前应检查止水条粘贴的牢固性与完整性。

**6.7.3** 预制外墙板连接接缝采用防水密封胶施工时应符合下列规定：

**1** 预制外墙板连接接缝防水节点基层及空腔排水构造做法应符合设计要求。

　　**2** 预制外墙板外侧水平、竖直接缝的密封防水胶封堵前，侧壁应清理干净，保持干燥，事前应对嵌缝材料的性能、质量和配合比进行检查。嵌缝材料应与板牢固粘结，不得漏嵌和虚粘。

　　**3** 外侧竖缝及水平缝防水密封胶的注胶宽度、厚度应符合设计要求，防水密封胶应在预制外墙板校核固定后嵌填。先安放填充材料，之后注胶。防水密封胶应均匀顺直，饱满密实，表面光滑连续。

　　**4** 外墙板"十"字接缝处的防水密封胶应连续完成。

**6.7.4** 施工完成后应在外墙面做淋水、喷水试验，并观察外墙内侧墙体有无渗漏。

**6.7.5** 雨天、雪天或五级及以上大风不得进行外墙防水施工。

## 6.8 成品保护

**6.8.1** 预制构件在运输、存放、安装施工过程中及装配后应做好成品保护。

**6.8.2** 竖向构件阳角、楼梯踏步口宜采用木条或其他覆盖方式进行保护。

**6.8.3** 预制外墙安装完毕，墙板内预置的门、窗框应采用槽型木框保护。

**6.8.4** 预制构件、预埋件的水电及设备管线盒裸于构件外表面的，应采用贴膜或胶带予以保护。

# 7 质量验收

## 7.1 一般规定

**7.1.1** 装配式混凝土结构质量验收除应执行本规程外，尚应符合现行国家标准《混凝土结构工程施工质量验收规范》GB 50204 的规定，当结构中部分采用现浇混凝土结构时，现浇混凝土结构部分质量验收应按现行国家标准《混凝土结构工程施工质量验收规范》GB 50204 执行。

**7.1.2** 装配式混凝土结构的预制构件应由构件制作单位按设计要求及现行标准规定进行相应的质量检验，检验结果应通过监理单位审查。

**7.1.3** 装配式混凝土结构应按混凝土结构子分部工程的一个分项工程进行质量验收。

**7.1.4** 分项工程的验收应划分检验批，检验批可按进场批次、工作班、楼层、结构缝或施工段划分。

**7.1.5** 检验批、分项工程的验收程序应符合现行国家标准《建筑工程施工质量验收统一标准》GB 50300 的规定。

**7.1.6** 有防渗要求的接缝应按照现行国家标准《建筑幕墙》GB/T 21086 的试验方法进行现场淋水试验。

**7.1.7** 检验批、分项工程的质量验收可按本规程附录 A 记录。

## 7.2 预制构件

### Ⅰ 主控项目

**7.2.1** 按混凝土预制构件进场批次检查其合格证、出厂检验报告，采用钢筋套筒灌浆连接的构件尚应提供型式检验报告，按标准图集批量生产的构件尚应提供结构性能检验报告；混凝土预制构件的标识应完整。

检查数量：全数检查。

检验方法：检查质量证明文件和标识，观察。

**7.2.2** 预制构件的外观质量不应有严重缺陷，且不应有影响结构性能和安装、使用功能的尺寸偏差。

检查数量：全数检查。

检验方法：观察，尺量；检查处理记录。

**7.2.3** 预制构件与饰面砖、石材、保温材料及防水材料粘贴应可靠。

检查数量：全数检查。

检验方法：轻击观察。

**7.2.4** 预制构件中主要受力钢筋的数量及保护层厚度应满足国家现行标准及设计文件的要求。

检查数量：按混凝土预制构件进场检验批，不同类型的构件各抽取10%且不少于5个。

检验方法：非破损检测。

**7.2.5** 预制构件的混凝土强度应符合设计要求。

检查数量：全数检查。

检验方法：检查标准养护及同条件养护混凝土强度试验报告。

**7.2.6** 预制构件的粗糙面的质量应符合设计要求。

检查数量：全数检查。

检验方法：观察。

**7.2.7** 混凝土预制构件的构件实体检验结果不满足设计要求时，应委托具有相应资质等级的检测机构按国家有关标准的规定进行检测。检测结果不合格时，应由原设计单位核算并确认；对满足结构安全和使用功能的检验批，可予以验收。

### Ⅱ 一般项目

**7.2.8** 混凝土预制构件的外观质量不宜有一般缺陷。对已经出现的一般缺陷，应按技术处理方案进行处理，并重新检查验收。

检查数量：全数检查。

检验方法：观察、检查技术处理方案。

**7.2.9** 混凝土预制构件的尺寸偏差应符合表 7.2.9 的要求。

检查数量：按照进场检验批，同一规格（品种）的构件每次抽检数量不应少于该规格（品种）数量的 5%，且不少于3件。

表 7.2.9 构件尺寸的允许偏差及检验方法

| 项　目 | | | 允许偏差（mm） | 检验方法 |
|---|---|---|---|---|
| 长度 | 楼板、梁、柱、桁架 | <6 m | ±4 | 尺量 |
| | | >6 m 且≤12 m | ±5 | |
| | 墙板 | | ±4 | |
| 宽度、高（厚）度 | 楼板、梁、柱、桁架 | | ±5 | 钢尺量一端及中部，取其中偏差绝对值较大处 |
| | 墙板 | | ±4 | |
| 表面平整度 | 楼板、梁、柱、墙板内表面 | | 4 | 2 m 靠尺和塞尺量 |
| | 墙板外表面 | | 3 | |
| 对角线差 | 楼板 | | 6 | 钢尺量两个对角线 |
| | 墙板 | | 5 | |
| 预留孔 | 中心线位置 | | 5 | 尺量 |
| | 孔尺寸 | | ±5 | |
| 预留插筋 | 中心线位置 | | 3 | 尺量 |
| | 外露长度 | | ±5 | |
| 键槽 | 中心线位置 | | 5 | 尺量 |
| | 长度、宽度、深度 | | ±5 | |

## 7.3 安装与连接

### I 主控项目

**7.3.1** 预制构件临时固定措施应符合设计、专项施工方案要求及相关技术标准规定。

检查数量：全数检查。

检验方法：观察，检查施工记录或设计文件。

**7.3.2** 钢筋套筒灌浆连接和钢筋浆锚搭接连接的灌浆应饱满密实。

检查数量：全数检查。

检验方法：检查灌浆施工质量检查记录。

**7.3.3** 施工现场钢筋套筒灌浆连接及浆锚搭接用的灌浆料强度应满足设计要求。

检查数量：按批检验，以每层为一检验批；每个工作班应制作一组且每层不应少于3组40 mm×40 mm×160 mm的长方体试件，标准养护28 d后进行抗压强度试验。

检验方法：检查灌浆料强度试验报告及评定记录。

**7.3.4** 钢筋采用焊接连接时，其接头质量应符合现行行业标准《钢筋焊接及验收规程》JGJ 18 的规定。

检查数量：按现行行业标准《钢筋焊接及验收规程》JGJ 18 的有关规定确定。

检验方法：检查质量证明文件及平行加工试件的检验报告。

**7.3.5** 钢筋采用机械连接时，其接头质量应符合现行行业标准《钢筋机械连接技术规程》JGJ 107 的规定。

检查数量：按现行行业标准《钢筋机械连接技术规程》JGJ 107 的规定确定。

检验方法：检查质量证明文件、施工记录及平行加工试件的检验报告。

**7.3.6** 预制构件采用焊接、螺栓连接等连接方式时，其材料性能及施工质量应符合设计要求及现行国家标准《钢结构工程施工质量验收规范》GB 50205 的相关规定。

检查数量：按现行国家标准《钢结构工程施工质量验收规范》GB 50205 的规定确定。

检验方法：检查施工记录及平行加工试件的检验报告。

**7.3.7** 采用现浇混凝土连接构件时，构件连接处后浇混凝土的强度应符合设计要求。

检查数量：按现行国家标准《混凝土结构工程施工质量验收规范》GB 50204 混凝土分项工程的相关规定确定。

检验方法：检查施工记录及试件强度试验报告。

**7.3.8** 构件底部接缝坐浆强度应满足设计要求。

检查数量：每个工作班应制作一组同一配合比且每层不应少于 3 组边长为 70.7 mm 的立方体试件，标准养护 28 d 后进行抗压强度试验。

检验方法：检查坐浆材料强度试验报告及评定记录。

**7.3.9** 施工完成后，构件外观质量不应有严重缺陷。

检查数量：全数检查。

检验方法：观察，检查处理记录。

## Ⅱ 一般项目

**7.3.10** 装配式混凝土结构安装完毕，预制构件的位置、尺寸偏差应符合设计要求；当设计无具体要求时，应符合表7.3.10的规定。

检查数量：按楼层、结构缝或施工段划分检验批。同一检验批内，对梁、柱，应抽查构件数量的10%，且不少于3件；对墙和板，应按有代表性的自然间抽查10%，且不少于3间；对大空间结构，墙可按相邻轴线间高度5 m左右划分检查面，板可按纵、横轴线划分检查面，抽查10%，且均不少于3面。

表 7.3.10 装配式混凝土结构构件位置和尺寸允许偏差及检验方法

| 项 目 | | 允许偏差（mm） | 检验方法 |
|---|---|---|---|
| 构件轴线位置 | 竖向构件（柱、墙板、桁架） | 8 | 经纬仪及尺量检查 |
| | 水平构件（梁、板） | 5 | |
| 构件标高 | 梁、柱、墙、板底面或顶面 | ±5 | 水准仪或拉线、尺量检查 |
| 构件垂直度 | 柱、墙板 ≤6 m | 5 | 经纬仪或吊线、尺量 |
| | 柱、墙板 >6 m | 10 | |
| 构件倾斜度 | 梁、桁架 | 5 | 经纬仪或吊线、尺量 |
| 相邻构件平整度 | 梁、楼板下表面 外露 | 3 | 2 m靠尺和塞尺量测 |
| | 梁、楼板下表面 不外露 | 5 | |
| | 柱、墙板侧表面 外露 | 5 | |
| | 柱、墙板侧表面 不外露 | 8 | |

续表 7.3.10

| 项 目 | | 允许偏差（mm） | 检验方法 |
|---|---|---|---|
| 构件搁置长度 | 梁、板 | ±10 | 尺量检查 |
| 支座、支垫中心位置 | 板、梁、柱、墙板、桁架 | 10 | 尺量检查 |
| 墙板接缝宽度 | | ±5 | 尺量检查 |

## 7.4 文件与记录

**7.4.1** 装配式混凝土结构工程验收时，除应按现行国家标准《混凝土结构工程施工质量验收规范》GB 50204 的要求提供文件和记录外，尚应提供下列文件和记录：

1 工程设计文件、预制构件制作和安装的深化设计图；

2 预制构件、主要材料及配件的质量证明文件、进场验收记录、抽样复验报告；

3 预制构件安装施工验收记录；

4 套筒灌浆连接或钢筋浆锚搭接连接的施工检验记录；

5 后浇混凝土部位的隐蔽工程检查验收文件；

6 后浇混凝土、灌浆料、坐浆材料强度检测报告；

7 防水及密封部位的检查记录；

8 分项工程验收记录；

9 工程的重大质量问题的处理方案和验收记录；

10 其他文件与记录。

# 8 施工安全与绿色施工

## 8.1 一般规定

**8.1.1** 装配式混凝土结构工程的施工安全与绿色施工,应符合国家、行业和四川省的现行标准规定。

**8.1.2** 装配式混凝土结构工程施工应建立安全和绿色施工管理体系,并在施工安全管理、环境保护、节材与材料资源利用、节水与水资源利用、节能与能源利用、节地与施工用地保护等方面制定相应的目标与管理制度。

**8.1.3** 吊装等特殊工种作业人员应持证上岗。施工单位应对从事装配式混凝土结构施工作业及相关人员进行安全培训与交底,明确预制构件进场、卸车、存放、吊装、就位各环节的作业风险,并采取相应的安全技术措施。

## 8.2 施工安全

**8.2.1** 装配式混凝土结构工程施工前编制的专项施工方案应包含相应的安全技术措施。

**8.2.2** 预制构件吊装应满足下列要求:

1 吊装机械设备及现场环境应满足吊装要求,起吊前应检查吊装机械、吊具、钢索是否完好,吊环及吊装螺栓旋入内置螺母的深度应满足施工验算要求。

2 吊装作业时,周围设置警戒区,非作业人员严禁入内,起重臂和重物下方严禁有人停留、工作或通过。

  **3** 开始起吊时，应先将构件吊离地面 200~300 mm 后停止起吊，并检查吊装机械设备的稳定性、制动装置的可靠性、构件的平衡性和绑扎的牢固性等，待确认无误后，方可继续起吊。

  **4** 在吊装回转、俯仰吊臂、起落吊钩等动作前，应鸣声示意。吊运过程应平稳，不应有大幅度摆动，不应突然制动。

  **5** 构件应采用垂直吊运，严禁采用斜拉、斜吊，吊起的构件应及时就位。

  **6** 吊装作业不宜夜间进行。在风力达到 5 级及以上或大雨、大雪、大雾等恶劣天气时，应停止露天吊装作业。重新作业前，应先试吊，并应确认各种安全装置灵敏可靠后进行作业。

**8.2.3** 预制构件安装时应满足下列要求：

  **1** 预制墙板、梁、柱等预制构件临时支撑必须牢固可靠；

  **2** 叠合楼板、叠合梁等水平预制构件支撑系统应经过计算设计，具有足够的承载力和稳定性；

  **3** 预制外墙板吊装时，操作人员应站在楼层内，并佩戴安全帽及安全带作业；

  **4** 高处作业使用的工具和零配件等，应采取防坠落措施，严禁上下抛掷；

  **5** 因天气、停电等特殊情况对吊装中未形成空间稳定体系的部分，应采取有效的加固措施。

**8.2.4** 装配式混凝土结构施工安全防护应满足下列规定：

  **1** 应根据结构体系和施工环境，选择安全防护设施，并在构件预制时进行必要的预留预埋；

  **2** 施工过程中的安全防护，应进行专项设计，保证安全牢固和整体稳定，并与主体结构有可靠连接；

  3 安全防护设施与主体结构连接时，结构承载力应经原设计单位复核验算；

  4 不同类型的外围护设施的安装与提升作业应符合相应安全技术规程的要求；

  5 阳台、楼梯、电梯井、卸料平台、楼层等临边、洞口的防护应牢固、可靠。

**8.2.5** 施工作业层不得超载；施工人员应按规定配备和正确使用安全防护用品，操作应符合安全操作规程；在进行电、气焊作业时，必须有专人看守，并采取有效的防火隔离、消防措施。

## 8.3 绿色施工

**8.3.1** 装配式混凝土结构施工宜按国家绿色施工标准规范的要求制定绿色施工专项方案，明确"四节一环保"（节地、节能、节水、节材和环境保护）具体措施和专项指标，并在整个施工过程中实施动态管理。对绿色施工效果进行综合评估，结果应符合国家、行业及四川省的相关绿色施工要求。

**8.3.2** 施工、办公、生活区应合理布置，优化交通组织，现场临时道路布置应与原有及永久道路相结合，并充分利用拟建道路为施工服务；现场围挡宜采用装配式可重复使用围挡封闭。

**8.3.3** 应根据拟建建筑的结构特点、构件特点、施工进度及环境因素，合理布置堆放场地。构件实行分类堆码，避免二次转运，科学组织吊装作业，提高吊装工效。

8.3.4 现场宜采用节能高效型机械设备和节能灯具，实行分段分时自动化控制，降低能耗。

8.3.5 现场道路及临时堆场保洁洒水和冲洗宜优先采用施工循环水或雨水存水再利用，出口应设置节水型冲洗设施，对出场车辆进行冲洗。

8.3.6 宜采用定型模板、工具式支撑体系和装配式围挡安全防护，提高周转率和使用效率。

8.3.7 施工过程中产生的建筑垃圾应分类处理回收利用，粘结剂、稀释剂等易燃、易爆化学制品的废弃物应及时收集并送至制定存储器内，按规定回收，严禁未经处理随意丢弃和堆放。

8.3.8 加强施工现场扬尘治理，现场应建立洒水清扫制度，配备洒水设备；对裸露地面、集中堆放的土方及易产生扬尘的车辆应采取封闭或遮盖措施；高空垃圾清运采用管道或垂直运输。

8.3.9 应采用先进机械、低噪声设备进行施工，机械设备废气排放应符合国家年检要求，机械设备应定期保养维护；吊装作业指挥应使用对讲机传达指令；施工噪声排放应符合现行国家标准《建筑施工场界环境噪声排放标准》GB 12523 的规定。

8.3.10 在夜间施工时，应采取挡光措施；照明灯具加罩使透光方向集中在现场范围；电焊作业点适当遮挡，避免电焊弧光外泄。

8.3.11 现场道路和材料堆放场地周边应设排水沟，雨水污水应分流排放；工程用水应经处理达标后排入市政污水管网。

# 附录 A 质量验收记录

**A.0.1** 装配式混凝土结构分项工程预制构件检验批质量验收可按表 A.0.1 记录。

表 A.0.1 装配式混凝土结构分项工程预制构件检验批质量验收记录

编号：

| 单位（子单位）工程名称 | | | 分部（子分部）工程名称 | | | 分项工程名称 | |
|---|---|---|---|---|---|---|---|
| 施工单位 | | | 项目负责人 | | | 检验批容量 | |
| 分包单位 | | | 分包单位项目负责人 | | | 检验批部位 | |
| 施工依据 | | | 验收依据 | | | | |
| 验收项目 | | | 设计要求及规范规定 | | 样本总数 | 最小/实际抽样数量 | 检查记录 | 检查结果 |
| 主控项目 | 1 | 构件资料 | 质量证明文件齐全，标识清晰完整 | | | | | |
| | 2 | 外观质量 | 不应有严重缺陷 | | | | | |
| | 3 | 实体检验 | 应符合设计要求 | | | | | |
| | 4 | 构件粗糙面 | 应符合设计要求 | | | | | |
| 一般项目 | 1 | 外观质量 | 不宜有一般缺陷 | | | | | |
| | 2 | 长度 | 楼板、梁、柱、桁架 | ≤6 m | ±4 | | | |
| | | | | >6 m 且≤12 m | ±5 | | | |
| | | | 墙板 | | ±4 | | | |

续表 A.0.1

| | | | | | | | |
|---|---|---|---|---|---|---|---|
| 一般项目 | 3 | 宽度、高(厚)度 | 楼板、梁、柱、桁架 | ±5 | | | |
| | | | 墙板 | ±4 | | | |
| | 4 | 表面平整度 | 楼板、梁、柱、墙板内表面 | 4 | | | |
| | | | 墙板外表面 | 3 | | | |
| | 5 | 对角线差 | 楼板 | 6 | | | |
| | | | 墙板、门窗口 | 5 | | | |
| | 6 | 预留孔 | 中心线位置 | 5 | | | |
| | | | 孔尺寸 | ±5 | | | |
| | 7 | 预留钢筋 | 中心线位置 | 3 | | | |
| | | | 外露长度 | ±5 | | | |
| | 8 | 键槽 | 中心线位置 | 5 | | | |
| | | | 长度、宽度、深度 | ±5 | | | |
| 施工单位检查结果 | 专业工长：<br><br>项目专业质量检查员：<br><br>年　月　日 | | | | | | |
| 监理单位验收结论 | 专业监理工程师：<br><br>年　月　日 | | | | | | |

A.0.2 构件的安装与连接检验批质量验收可按表 A.0.2 记录。

表 A.0.2 装配式混凝土结构分项工程预制构件安装与连接检验批质量验收记录

编号：

| 单位（子单位）工程名称 | | | 分部（子分部）工程名称 | | 分项工程名称 | |
|---|---|---|---|---|---|---|
| 施工单位 | | | 项目负责人 | | 检验批容量 | |
| 分包单位 | | | 分包单位项目负责人 | | 检验批部位 | |
| 施工依据 | | | | 验收依据 | | |
| | 验收项目 | | 设计要求及规范规定 | 样本总数 | 最小/实际抽样数量 | 检查记录 | 检查结果 |
| 主控项目 | 1 | 构件临时固定措施 | 应符合设计、专项施工方案要求 | | | | |
| | 2 | 灌浆施工质量 | 灌浆应饱满；灌浆强度应符合设计要求 | | | | |
| | 3 | 灌浆料强度 | 应符合设计要求 | | | | |
| | 4 | 钢筋焊接 | 应符合规范规定 | | | | |
| | 5 | 钢筋机械连接 | 应符合规范规定 | | | | |
| | 6 | 焊接、螺栓连接材料 | 应符合设计要求及规范规定 | | | | |
| | 7 | 后浇混凝土强度 | 应符合设计要求 | | | | |
| | 8 | 接缝坐浆强度 | 应符合设计要求 | | | | |
| | 9 | 装配后外观质量 | 不应有严重缺陷或一般缺陷 | | | | |
| 一般项目 | 1 | 构件轴线位置 | 竖向构件（柱、墙板、桁架） | 8 | | | |
| | | | 水平构件（梁、板） | 5 | | | |
| | 2 | 构件标高 | 梁、柱、墙、板底面或顶面 | ±5 | | | |

续表 A.0.2

| 3 | 构件垂直度 | 柱、墙板 | ≤6 m | 5 | | | |
|---|---|---|---|---|---|---|---|
| | | | >6 m | 10 | | | |
| 4 | 相邻构件平整度 | 梁、楼板下表面 | 外露 | 3 | | | |
| | | | 不外露 | 5 | | | |
| | | 柱、墙板侧表面 | 外露 | 5 | | | |
| | | | 不外露 | 8 | | | |
| 5 | 构件搁置长度 | 梁、板 | | ±10 | | | |
| 6 | 支座、支点中心位置 | 板、梁、柱、墙板、桁架 | | 10 | | | |
| 7 | 墙板接缝宽度 | — | | ±5 | | | |

| 施工单位检查结果 | 专业工长：<br>项目专业质量检查员：<br>年　　月　　日 |
|---|---|
| 监理单位验收结论 | 专业监理工程师：<br>年　　月　　日 |

39

A.0.3 装配式混凝土结构分项工程质量验收可按表 A.0.3 记录。

表 A.0.3 装配式混凝土结构分项工程质量验收记录

编号：

| 单位（子单位）工程名称 | | | 分部（子分部）工程名称 | | | |
|---|---|---|---|---|---|---|
| 分项工程数量 | | | 检验批数量 | | | |
| 施工单位 | | | 项目负责人 | | 项目技术负责人 | |
| 分包单位 | | | 分包单位项目负责人 | | 分包内容 | |
| 序号 | 检验批名称 | 检验批容量 | 部位/区段 | 施工单位检查结果 | | 监理单位验收结论 |
| 1 | | | | | | |
| 2 | | | | | | |
| 3 | | | | | | |
| 4 | | | | | | |
| 5 | | | | | | |
| 6 | | | | | | |
| 7 | | | | | | |
| 8 | | | | | | |
| 9 | | | | | | |
| 10 | | | | | | |
| 11 | | | | | | |
| 12 | | | | | | |
| 说明： | | | | | | |
| 施工单位检查结果 | 项目专业技术负责人：<br>年 月 日 | | | | | |
| 监理单位验收结论 | 专业监理工程师：<br>年 月 日 | | | | | |

# 本规程用词说明

**1** 为便于在执行本规程条文时区别对待,对要求严格的程度不同的用词用语说明如下:

  **1**)表示很严格,非这样做不可的:

    正面词采用"必须",反面词采用"严禁";

  **2**)表示严格,在正常情况下均应这样做的用词:

    正面词采用"应",反面词采用"不应"或"不得";

  **3**)表示允许稍有选择,在条件许可时首先应这样做的用词:

    正面词采用"宜",反面词采用"不宜";

  **4**)表示有选择,在一定条件下可以这样做的,采用"可"。

**2** 规程中指定按其他有关标准的规定执行时,写法为"应符合……的规定(或要求)"或"应按……执行"。

## 引用标准名录

1 《混凝土结构设计规范》GB 50010
2 《工程测量规范》GB 50026
3 《混凝土结构工程施工质量验收规范》GB 50204
4 《建筑工程施工质量验收统一标准》GB 50300
5 《混凝土结构工程施工规范》GB 50666
6 《钢结构工程施工规范》GB 50755
7 《塔式起重机安全规程》GB 5144
8 《建筑施工组织设计规范》GB/T 50502
9 《建筑工程绿色施工规范》GB/T 50905
10 《装配式混凝土结构技术规程》JGJ 1
11 《钢筋焊接及验收规程》JGJ 18
12 《建筑机械使用安全技术规程》JGJ 33
13 《建筑施工安全检查标准》JGJ 59
14 《钢筋机械连接技术规程》JGJ 107
15 《建设工程施工现场环境与卫生标准》JGJ 146
16 《建筑施工起重吊装工程安全技术规范》JGJ 276
17 《钢筋套筒灌浆连接应用技术规程》JGJ 355
18 《建筑工业化混凝土预制构件制作、安装及质量验收规程》 DBJ51/T 008
19 《建筑工程绿色施工评价与验收规程》DBJ51/T 027
20 《四川省建筑工程现场安全文明施工标准化技术规程》DBJ51/T 036

四川省工程建设地方标准

四川省装配式混凝土结构工程施工
与质量验收规程
Specification for Construction and Quality Acceptance of Precast
Concrete Structures in Sichuan Province

DBJ51/T054－2015

条 文 说 明

# 目 次

1 总 则 ……………………………………………………… 49
2 术 语 ……………………………………………………… 50
3 基本规定 …………………………………………………… 52
4 材 料 ……………………………………………………… 54
5 预制构件 …………………………………………………… 55
   5.1 一般规定 ……………………………………………… 55
   5.2 运输与存放 …………………………………………… 55
6 施 工 ……………………………………………………… 57
   6.1 一般规定 ……………………………………………… 57
   6.2 施工准备 ……………………………………………… 57
   6.3 测量与定位 …………………………………………… 57
   6.4 构件吊装 ……………………………………………… 58
   6.5 构件安装 ……………………………………………… 59
   6.6 构件连接 ……………………………………………… 60
   6.7 防水施工 ……………………………………………… 60
7 质量验收 …………………………………………………… 62
   7.1 一般规定 ……………………………………………… 62
   7.2 预制构件 ……………………………………………… 62
   7.3 安装与连接 …………………………………………… 63
   7.4 文件与记录 …………………………………………… 64

8 施工安全与绿色施工 ................................................ 65
　8.1 一般规定 ........................................................... 65
　8.2 施工安全 ........................................................... 65
　8.3 绿色施工 ........................................................... 66

# 1 总　则

**1.0.1** 编制本规程的目的是规范和指导装配式混凝土结构工程的施工与质量验收工作。本规程中装配式混凝土结构的混凝土构件包含预制混凝土外墙板、内墙板、柱、梁、楼板、楼梯、阳台、空调板以及叠合预制构件梁、墙、板等。

**1.0.3** 装配式混凝土结构工程施工与质量验收涉及的技术面广、综合性强，且与其他施工技术和质量验收方面的标准密切相关。因此，装配式混凝土结构工程的施工及质量验收尚应符合《建筑工程施工质量验收统一标准》GB 50300、《混凝土结构工程施工质量验收规范》GB 50204、《混凝土结构工程施工规范》GB 50666、《装配式混凝土结构技术规程》JGJ 1、《钢筋套筒灌浆连接应用技术规程》JGJ 355、《建筑工业化混凝土预制构件制作、安装及质量验收规程》DBJ51/T 008 等现行国家、行业及四川省相关标准的要求。

## 2 术 语

**2.0.2** 本规程涉及的预制构件，是指不在现场原位支模浇筑的构件。它们不仅包括在工厂制作的预制构件，还包括由于受到施工场地或运输等条件限制，而又有必要采用装配式结构时，在现场制作的预制构件。

**2.0.6** 非承重外墙板在国内外都得到广泛的应用。在国外，外墙板有多种类型，主要包括墙板、梁板和柱板等。我国目前对外墙板的研究，一般仅涉及高度方向跨越一个层高、宽度方向跨越一个开间的起围护作用的非承重预制外挂墙板。

**2.0.8** 受力钢筋套筒灌浆连接接头的技术在美国和日本已经有近四十年的应用历史，在我国台湾地区也有多年的应用经验。四十年来，上述国家和地区对钢筋套筒灌浆连接的技术进行了大量的试验研究，采用这项技术的建筑物也经历了多次地震的考验，包括日本一些大地震的考验，该技术是一项十分成熟和可靠的技术。

**2.0.9** 钢筋浆锚搭接连接，是将预制构件的受力钢筋在特制的预留孔洞内进行搭接的技术。构件安装时，将需搭接的钢筋插入孔洞内至设定的搭接长度，通过灌浆孔和排气孔向孔洞内灌入灌浆料，经灌浆料凝结硬化后，完成两根钢筋的搭接。其中，预制构件的受力钢筋在采用有螺旋钢筋约束的孔道中进行搭接的技术，称为钢筋约束浆锚搭接连接。

**2.0.12** 本规程中的"粗糙面"指预制构件与后浇混凝土的结

合面。在预制构件制作时，按设计要求采用拉毛、凿毛或化学处理等方法形成混凝土凹凸不平或骨料显露的表面，用于实现预制构件与后浇混凝土的可靠结合。

## 3 基本规定

**3.0.1** 装配式混凝土结构工程的建设、设计、制作、施工、监理等单位为一个有机整体,各单位之间的信息畅通是保证工作质量的前提,是提高效率的有力保障,特别是装配式混凝土结构在构件生产与施工过程中的各项技术措施需提前介入到设计阶段,加强信息沟通显得尤为重要。在装配式混凝土结构实施过程中,宜以建设单位为核心,建立基于BIM(建筑信息模型)技术的装配式混凝土结构工程设计、制作与施工为一体的信息化管理机制。

**3.0.2** 预制构件深化设计在装配式结构工程施工中具有重要的作用,此项工作目前尚未形成成熟的制度和工作程序,一般由有经验的设计、咨询、研究单位或预制构件加工制作单位承担,也可以由施工单位采用设计施工一体化模式完成。

**3.0.3** 鉴于装配式混凝土结构工程施工的特殊性和装配施工的重要性等,施工单位应根据装配式混凝土结构工程施工的管理和技术特点,对管理人员及作业人员进行专项培训,目的在于全面掌握相关的专项施工技术。长期从事装配式混凝土结构工程施工的企业,应建立专业化施工队伍。

**3.0.5** 根据装配式混凝土结构工程的特点,施工单位应制定装配式混凝土结构的施工组织设计及专项施工方案,其内容应符合《建筑施工组织设计规范》GB/T 50502的规定。专项施工方案应包括但不限于下列内容:

**1** 整体进度计划：结构总体施工进度计划、构件生产计划、构件安装进度计划；

**2** 预制构件运输与存放：车辆型号及数量、运输线路、装卸方法、吊运要求、存放场地要求、堆码支垫要求及成品保护措施；

**3** 施工场地布置：场内通道规划、吊装设备、吊装方案、构件存放场地；

**4** 构件安装：测量放线、节点施工，防水施工，成品保护及修补措施；

**5** 施工安全：吊装安全措施、专项施工安全措施及事故应急预案；

**6** 质量管理：构件安装的专项施工质量管理；

**7** 绿色施工与环境保护。

# 4 材 料

**4.0.11** 装配式混凝土结构中所用的金属和非金属保温连接件应具有规定的承载力、变形和耐久性能,且应符合节能设计要求。

# 5 预制构件

## 5.1 一般规定

**5.1.1** 预制构件涉及建筑结构安全，是保证装配式混凝土结构安全的基础，应对进场构件的产品合格证明书、混凝土强度检验报告及其他重要检验报告等质量证明文件进行检查，检查合格的构件方能用于工程；当设计或合同有其他要求时，尚应按要求进行专项检验。

**5.1.3** 预制构件的标识是进场检验、存放、安装和质量验收的需要和便于作业人员的识别和科学组织施工的重要依据。

**5.1.4** 运输与存放方案应包括：运输时间、次序、堆放场地、运输路线（包括道路桥梁承载调查等）、固定要求、堆放支垫及成品保护措施等。对于超高、超宽、形状特殊的大型构件的运输和堆放，应有专门的质量安全保证措施。

## 5.2 运输与存放

**5.2.2** 各种构件的运输，可根据运输车辆和构件类型，采用合理、最佳组合运输方法，提高运输效率和节约成本。一般情况下，预制柱、预制梁、预制叠合楼板、预制阳台板、预制楼梯、预制空调板等预制构件宜采用平放方式运输，预制墙板宜采用竖直立放运输。

**5.2.7** 预应力构件均有一定的反拱,长期堆放时反拱还会随时间增长,堆放时应考虑反拱因素的影响。

# 6 施 工

## 6.1 一般规定

**6.1.3** 临时固定和支撑措施是装配式混凝土结构施工过程质量与安全的重要保证，现场的临时固定和支撑措施应进行专项设计、验算，并规范施工，以确保构件在安装过程中的质量与施工安全。

**6.1.5** 承受内力的连接和接缝当其混凝土或灌浆料强度未达到设计要求时，不得吊装上部结构构件；当设计无具体要求时，应采取足够支撑措施方可吊装上层结构构件。

## 6.2 施工准备

**6.2.2** 为避免由于设计或施工缺乏经验造成工程实施障碍或损失，保证装配式混凝土结构工程施工质量，并不断摸索和积累经验，特提出应通过试安装进行验证性试验。

**6.2.5** 在吊装前，吊装设备、吊具和吊索应由专人检查核对，确保型号、机具与方案一致。塔式起设备应符合《塔式起重机安全规程》GB 5144 的规定。

## 6.3 测量与定位

**6.3.6** 预制构件轴线引测与控制，以"以内为主，以外为辅"

的总体测量方法为原则。按照楼层纵、横向控制线和构件"十"字墨线相对应对缝控制，可以使构件与构件之间、构件与楼面原始控制线保持吻合和对直。

## 6.4 构件吊装

6.4.1 预制构件吊装方案应包括以下内容：工程概况（吊装工程内容）、编制依据、施工计划（施工进度计划、施工准备与材料设备计划）、施工工艺技术（吊装设备基础处理、吊装方法、吊装顺序、检查验收）、施工安全保证措施（组织保障、技术措施、应急预案等）、劳动力计划、计算书及相关图纸（吊装设备验算、基础承载力验算、吊索具验算、平面图、立面图、重要节点详图等）。

预制构件的吊装过程应符合《塔式起重机安全规程》GB 5144、《建筑机械使用安全技术规程》JGJ 33 的规定。

6.4.3 吊具的选用按起重吊装工程的技术和安全要求执行。为提高施工效率，可以采用多功能专用吊具，以适应不同类型的构件吊装。施工验算可依据相关技术标准；特殊情况无参考依据时，需进行专项设计计算分析或必要试验综合分析或专家论证。

吊装用钢丝绳、吊装带、卸扣、吊钩等吊具，在使用过程中可能存在局部的磨耗、破坏等缺陷，使用时间越长存在缺陷的可能性越大，因此规定应对吊具全数检查，以保证质量合格要求，防止发生安全事故。并在其额定许用范围内进行作业，保证吊装安全。

**6.4.5** 构件单件有大小之分，过大、过宽、过重的构件，采用多点起吊方式，选用横吊梁可分解、均衡吊车两点起吊问题。单件构件吊具吊点设置，布置在构件重心位置，可保证吊钩竖直受力和构件平稳。

**6.4.10** 为了保证预制构件的吊装安全，现场作业时，一般在构件根部两侧设置两根对称缆风绳，接近安装位置前，同时在两侧慢慢将构件拉至楼层，然后平稳就位。

**6.4.12** 条文强调了临时固定措施的施工要求，主要目的是确保现场装配过程中混凝土构件施工质量及作业人员的操作安全。

## 6.5 构件安装

**6.5.2** 墙板安装时，临时斜撑一般安放在其背后，且一般不少于 2 道；对于宽度比较小的墙板，也可仅设置 1 道临时斜撑。临时斜撑与预制构件一般做成铰接，并通过预埋件进行连接。考虑到临时斜撑主要承受的是水平荷载，为充分发挥其作用，对上部的斜撑，其支撑点距离板底不宜小于板高的 2/3。

为避免预制混凝土墙板两侧预留钢筋在就位前被割除或削弱，保持墙板应有的强度和刚度，现场施工先安装预制混凝土墙板构件，再进行现浇部分钢筋绑扎，预制混凝土墙板两侧预留钢筋要尽可能避开叠合剪力墙暗柱位置。

预制墙板采用螺栓的连接方式，各种装配式混凝土结构和施工体系均有运用，采用螺栓的连接方式的预制墙板要注意连接件的固定与检查，脱钩前，螺栓与外墙构件必须连接稳固、可靠。

**6.5.5** 当预制楼梯采用后搁式时，通常采用在预制楼梯与梁或板之间预埋铁件，用焊接连接；当预制楼梯采用先放式时，与现浇梁或板浇筑连接前，需要预留锚固钢筋。

**6.5.6** 悬臂构件混凝土强度应达到100%且满足上部支撑的传力要求时方可拆除底模及支架。

预制阳台板与现浇结构连接的工序，施工顺序的控制，是保证构件可靠连接与结构整体性的需要。

**6.5.7** 条文明确了预制空调板与现浇结构连接时的放置要求和预留锚固钢筋的留设。

采用预埋连接件将空调板后插入预制外墙板的形式，可以在吊装前完成，也可以在吊装后进行。外墙连接位置的四周防水胶与预制外墙板同时做渗漏水试验。

## 6.6 构件连接

**6.6.1** 当预制构件的连接采取焊接或螺栓连接时，应做好质量检查和防护措施。

**6.6.5** 预制构件加工与安装，会出现侧边留筋脱模困难和现场作业留筋与主体结构相碰撞等矛盾，简便的解决方法是采用预埋内置式钢套筒形式。

## 6.7 防水施工

**6.7.4** 近年来，由外墙渗水导致的投诉越来越多，所以施工完成后在外墙面做淋水、喷水试验十分必要，试验应重点对外窗、纵横向外墙板连接部位及后期封堵的洞口部位进行淋水试验。

**6.7.5** 外墙防水施工是室外作业，气候条件对其影响很大。雨雪天施工会使防水层难以成型，并使基层含水率增大，导致柔性胶结防水材料与基层的粘接能力降低或防水层起鼓破坏；五级及以上大风天气进行外墙施工，难以确保人身安全。

# 7 质量验收

## 7.1 一般规定

**7.1.2** 预制构件的质量检验按照设计要求及现行国家标准《混凝土结构工程施工质量验收规范》GB 50204、行业标准《装配式混凝土结构技术规程》JGJ 1、地方标准《建筑工业化混凝土预制构件制作、安装及质量验收规程》DBJ51/T 008等执行。

## 7.2 预制构件

**7.2.1** 预制构件应具有出厂合格证及相关质量证明文件,根据不同预制构件的类型与特点,分别包括:混凝土强度报告、钢筋复试报告、钢筋套筒灌浆接头复试报告、保温材料复试报告、面砖及石材拉拔试验报告等相关文件。表面标识通常包括项目名称、构件编号、安装方向、质量合格标志、生产单位等信息,标识应易于识别及使用。

**7.2.2** 预制构件的外观质量缺陷可按现行国家标准《混凝土结构工程施工质量验收规范》GB 50204 和地方标准《建筑工业化混凝土预制构件制作、安装及质量验收规程》DBJ51/T 008等的规定进行判断。对于出现的严重缺陷及影响结构性能和安装、使用功能的尺寸偏差,现场制作的预制构件应按现行国家标准《混凝土结构工程施工质量验收规范》GB 50204 的有关规定进行处理，并检查技术处理方案。混凝土预制构件专业企业生产的预制构件，应由预制构件生产企业按技术处理方案处理，并重新检查验收。

**7.2.4~7.2.5** 预制构件的主要受力钢筋数量、钢筋保护层厚度、混凝土强度应参照地方标准《四川省建筑工业化混凝土预制构件制作、安装及质量验收规程》DBJ51/T 008 的相关规定执行。

**7.2.6** 本条规定所验收的粗糙面，主要包括叠合构件、预制梁柱构件连接节点或接缝等部位预制构件表面与后浇混凝土之间的结合面，目的在于形成可靠的连接和共同受力。

## 7.3 安装与连接

**7.3.2** 钢筋采用套筒灌浆连接时，应采用由接头型式检验确定的相匹配的灌浆套筒、灌浆料，其材料、连接要求及施工质量应符合现行行业标准《钢筋套筒灌浆连接应用技术规程》JGJ 355 的规定。

**7.3.9** 装配式结构的外观质量缺陷可按本规程第 7.2 节以及现行国家标准《混凝土结构工程施工质量验收规范》GB 50204 的有关规定进行判断。对于出现的严重缺陷及影响结构性能和安装、使用功能的尺寸偏差，按现行国家标准《混凝土结构工程施工质量验收规范》GB 50204 的有关规定进行处理。

## 7.4 文件与记录

**7.4.1** 主要材料包括连接钢材、紧固件、套筒、灌浆料、接缝密封及背衬材料、预拌混凝土和砂浆等。

# 8 施工安全与绿色施工

## 8.1 一般规定

**8.1.1** 装配式混凝土结构施工应按照《建筑工程绿色施工规范》GB/T 50905、《建筑施工安全检查标准》JGJ 59、《建筑施工起重吊装工程安全技术规范》JGJ 276、《建筑施工高处作业安全技术规范》JGJ 80、《建设工程施工现场环境与卫生标准》JGJ 146、《四川省建筑工程现场安全文明施工标准化技术规程》DBJ51/T 036、四川省《建筑工程绿色施工评价与验收规程》DBJ51/T 027 等现行技术标准的有关规定执行。

## 8.2 施工安全

**8.2.1** 装配式混凝土结构施工中危险性较大的分部分项工程应按照住建部《危险性较大的分部分项工程安全管理办法》要求编制安全专项施工方案；对于超过一定规模的，应按规定组织专家对方案进行论证。

**8.2.2** 吊装作业应划定危险区域，挂设明显安全标志，并将吊装作业区封闭，设专人加强安全警戒，防止其他人员进入吊装危险区。

**8.2.5** 高处作业人员应佩配安全带，并遵循高挂低用的原则。高空作业的各项安全措施经检查不合格时，严禁高空作业。

## 8.3 绿色施工

**8.3.10** 建筑施工中常见的光污染主要是夜间可见光。夜间现场照明灯光、电焊产生的强光等都是可见光污染。可见光的亮度过高或过低,对比过强或过弱时,都有损人体健康。